〔法〕奈莉·彭斯 著 〔波兰〕乔安娜·热扎克 绘 陈旻乐 译

新手小园丁的12堂魔法课

中国中福会出版社·上海

目录
SOMMAIRE

秋
p.8 L'AUTOMNE

p.10 大自然充满生机和秘密

p.12 越疯狂越有趣

p.14 土地是最有价值的有机体

p.16 拥有一个有刺猬的园子

p.18 施肥的艺术

p.20 霜冻之前开始工作

冬
p.22 L'HIVER

p.24 种植的艺术,也是治愈的艺术

p.26 花园里的福尔摩斯

p.28 没有园丁就没有花园

p.30 工具市场

p.32 合作的艺术

春
LE PRINTEMPS
p.34

p.36 了不起的 1 平方米!

p.38 植物也有需求

p.40 挑选植物

p.44 你的第一个园子

夏
L'ÉTÉ
p.48

p.50 让你的园子充满生机

p.52 精心打理你的植物

p.54 包容多样性

p.58 收获时节

然后呢?
ET APRÈS
p.60

p.62 一切又重新开始了

p.64 你可以做得更好

p.67 四季小园: 小小播种历

p.68 坚持下去才能成为好园丁

p.70 你所做的一切有个专门的名字

今天是个好日子，因为你决定打理出一个自己的园子。

这意味着你推开了一扇通往新世界的大门。这个世界丰富多彩，令人着迷。从此刻开始，你将追随着前人的足迹，他们有男有女，甚至还有孩子。他们的足迹遍布全世界，从非洲之角到安第斯山，穿过岛屿，跨越河流；也有可能就在你身边，在你家附近的某个阳台或是窗台上。总之，每个人都有自己的一方园地。

换言之，你决定成为园丁。只是，不知道从哪里着手。你希望自己的一举一动对于生命而言都是有益无害的。你所期望的，是尽自己最大的努力打理好土地。这可真是太巧了，因为其他人的想法和你一模一样。他们日复一日耐心地观察着大自然。他们播下种子，尽心尽力种植。你想要学习的，想要着手去做的，都是他们认真思考、透彻理解并亲身实践过的。那就是他们口中的"永续农业"。

欢迎你加入园丁俱乐部。这里有一群充满激情、富有创造力的人，这个世界既有趣又神秘。愿你在这里开心、快乐！

秋
L'AUTOMNE

秋季是个神奇的季节，此时开始你的种植大业最合适不过了。

当白天变得越来越短，树的汁液逐渐下行流向根部，飘落的树叶给大地铺上金黄色的柔软地毯，松鸦和松鼠开始储备食物，刺猬和蝙蝠准备冬眠……一切都值得你去观察、去了解。各种生物、各类现象，还有它们之间林林总总的关联，都会帮助你为春回大地做好充分的准备，让你拥有一个更完美的开端。那么，准备好去探索这个繁茂的世界了吗？目标：森林。出发吧！

大自然充满生机和秘密

森林是依据当地的气候环境自发生长的，各种树木、植物、昆虫、鸟类、蘑菇、蠕虫、微生物等都生长在其中。哪怕被砍伐到一棵树都不剩，森林也会在全军覆没的同时开始顽强生长！想要更好地了解即将生活在你的园子中的生命，还有什么比去它们自然生长的环境看看更合适呢？

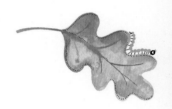

⤏ 选择一个探险地点

可以是一块小树林，一片森林，也可以是个小树丛，甚至某棵树脚下。就静静地待在那儿，睁开双眼，打开双耳，启动你的全部感官。去触摸、去看、去听、去感觉……之后，试着画出你所感受到的非同寻常之物——那些让你震惊的、让你觉得神奇的、让你想要进一步了解的事物。记录下你所观察到的每个细节，每个拨动你心弦的点点滴滴，还有你想知道的每个问题……接下来你会想方设法弄清每个问题的答案，你会越走越远，越探越深，发现人所不知的森林奇观。

别犹豫，下一次换个时间再来一次同样的地方。可以是白天也可以是夜晚，可以是天晴时，也可以是下雨时，甚至等到不同的季节再来。观察这里的变化：有什么改变了，有什么出现了，又有什么消失了……你会发现，没有什么是一成不变的，而这就是生命。

你的探险笔记

附近没有森林怎么办？

你住在城市里？目之所及都是各种楼房和柏油马路？没有人能带你去森林？这些都没关系。大自然就在你身边，随处可见，甚至就在你意想不到的地方。你可以去公园或院子里找一棵树，一小片荒地，或是某个被人遗忘的角落……哪怕就在人行道上，也能发现生命的印迹。这会是属于你的独一无二的"田野调查"。这株植物叫什么名字？蜜蜂们会来采蜜吗？鸟儿们会来拜访吗？还有还有，你听到乌鸫的叫声了吗？

第 1 堂课
行动之前先观察

大自然有自己的运行规则，这是无数前辈总结出的经验。这本书里会介绍他们提炼出的十二条法则。第一条也是最重要的一条：观察是重中之重！

越疯狂越有趣

森林里不只有树、苔藓、蘑菇、鸟儿、花、昆虫和所有生活于其中的动植物，更重要的是森林这个环境将它们紧密联系起来。环境、生物和它们之间的关系构成了科学家们所说的"生态系统"。如果你想种出一片更好的园子，这个概念至关重要。

地球上存在各种各样的生态系统

海洋、冰川和草原自不待说，森林、草地，甚至一片小水洼都能构成生态系统。所谓生态系统，可以很大也可以很小，可以在陆地上也可以在水泽中，各种生物存活于其中并改变着它。你能不能猜得到所有的生态系统中，最大的是哪一个？

第 2 堂课
推动生物多样性

2

答案：没错，就是地球！
我们所栖居的是一个非常广袤的生态系统，人类只是活跃于其中的一分子。

你知道吗？

正是生活在地球上的所有物种构成了生物多样性。

这既包括你本人、你的小狗，也包括你皮肤上和肠道内的细菌、森林里的树木、海洋中的浮游生物，还包括蜘蛛、大象、田边地头的野花……没有它们，我们也不可能生存下去。各种各样的生物构成了各式各样的生态系统。生物多样性越突出，生态系统就越平衡。对于你的小小园子来说也是这样。

要竞争必须先合作

众所周知，自然界中适者生存。可即便如此，互帮互助依然重要。不同物种之间能够相互给予，相互扶持。有的时候，它们之间的紧密联系甚至超出我们的想象。这就是共生。你想亲眼见证一下吗？

那么就请你从树干上撕下一小块苔藓，把它放到显微镜下，仔细观察……是不是有惊人的发现？

生殖结构

藻类植物

蘑菇

土地是
最有价值的有机体

土地是我们最重要的伙伴之一。绝大多数时候，我们都
不曾留意过被我们踩在脚下的土地，然而，它其实充满
生机。你知道吗？哪怕只是一小块泥土里所生活着的生
物，其数量堪比整个地球的人类数量。

⋯⋯▷ 土地的形成历经数千年，是在水、
阳光、植物、动物和大量微生物的
共同作用下形成的。据说，成百上
千年的时间仅够形成一厘米见方的
土地。所以，土地才是真正的宝藏，
值得我们温柔相待。

没有凭空消失，也不会凭空产生，一切都在转化之中

这句话你应该经常听到吧，毕竟它已经是一则定律了。它是由 18 世纪伟大的物理学家安托万·拉瓦锡（Antoine Lavoisier）提出的，这位伟大的科学家被尊称为"近代化学之父"。按照这则定律，大自然是不会产生垃圾的：它只会对所谓的废物进行再利用，让一切循环往复。

第 3 堂课
请勿制造垃圾

目标：腐殖土

为了更好地了解土地，你可以试着从不同地方挖一些土来。然后，你会发现，哪怕相隔只有几米远，土壤也不可能一模一样。你手里的土硬吗？干净吗？里头有石子吗？土块顶部有没有干硬的地皮？一块健康的土壤应该是黑色的、松软的，闻起来有一股森林的味道。它应该富含有机体，内部生机勃勃。这就是人们所说的腐殖土。你要试着多培育这样的土壤。

拥有一个有刺猬的园子

你的园子里不应该仅仅只有一排排植物。它应该是一个足够大的生态系统，里面包含着各种各样小型的生态系统。那里不仅有水果、蔬菜和香草，还应该有鸟、蜜蜂、蜥蜴、青蛙，如果你运气够好，说不定还能看到刺猬！

第 4 堂课
充分利用菜地边缘

4

植物种类多样，环境丰富多彩

空间虽小，却错落有致

没有荒芜之地

你不是孤单一人

我们的园子是所有生活在这里的生物们共同合作的成果。尽管其中的绝大多数我们都不认识。不过这并不重要，重要的是，我们知道生活在这里的物种越多，我们的园子就越有生机，也越美丽。

有益于土地的十条规则

1. 不要让土地荒芜；
2. 不要翻地；
3. 不要用塑料薄膜覆盖土地；
4. 不要在种植作物的土地上肆意行走；
5. 不要使用化肥；

而是要……

6. 有规律地施肥；
7. 尽可能多地种植不同植物；
8. 依据需要变换种植品种；
9. 推动生物多样性；
10. 如果可以，一定要种树——那可是我们的最佳搭档。

一条条小径整整齐齐，这样才不会踩踏作物

一片生机盎然的土地

一片得到精心照料的土地，是永远不会遭到废弃的

施肥的艺术

为了得到一片肥沃的土地，最好的方式就是用厨余垃圾和种植园里自然生成的废料给它施肥。几个月之后，这些垃圾的体积会缩小三分之一，微生物会把它们分解成令人叹为观止的物质，用以滋养土地，哺育植物，它们被称为"堆肥"。堆肥营养丰富又极为珍贵，被有的园丁奉为"**黑金**"。

自制堆肥

1. 选个合适的容器作为堆肥筐，将其置于家里合适的地方，比如阳台上或是花园中。

2. 将有机垃圾倒入其中，要注意干湿配比，干的包括干枯的花、叶、细枝等，湿的主要有腐烂的水果、蔬菜、果皮、咖啡渣等。

3. 将上述垃圾混合均匀，置于通风处，注意控制湿度（太湿容易腐烂，太干则难以分解）。几个月之后，瞧！营养丰富的堆肥出炉啦！

你知道吗？

蚯蚓是土壤中的英雄

蚯蚓是种植园的好伙伴，它们比蘑菇和细菌更容易见到。蚯蚓在泥土中钻来钻去，让土地变得松软、透气，让水得以渗下去，让植物的根须得以生长。它吃下与自身重量相等的食物，排出的粪便是营养丰富的肥料。为了不辜负这位不知疲倦、勤勤恳恳的劳动者，你最好不要轻易折腾土地。若有必要，松松土，让泥土通风透气就好，千万不要翻地。但是可以每过一段时间就往土地上铺些稻草，施点堆肥，蚯蚓很喜欢它们！

住在城市里也不用担心

你可以找个花园的角落、在阳台上甚至就在公寓里用垃圾制作堆肥，当然，条件是选用合适的材料。你还可以动员邻居们一起制作，共享肥料。但是制作的过程要严格把关，可不能散发出令人作呕的气味。

实验

想看看蚯蚓是怎样工作的吗？
很简单。

1. 找个果酱瓶，先铺上一层土，再铺一层沙，再铺一层土，然后铺上一层碎叶或是细小的果皮。

2. 往瓶子里放几条蚯蚓，用一块布把瓶口封住，防止蚯蚓逃跑。将瓶子置于避光处，时不时去看上一眼。

3. 你会惊奇地发现，所有的东西都完美地混合在一起了！

注意：

◇ 土质要足够湿润，否则不利于蚯蚓工作。封口用的布片需扎几个洞眼，否则蚯蚓就无法呼吸了。
◇ 当试验完成后，别忘了放蚯蚓们自由哟。

霜冻之前开始工作

你拥有了一小片土地、阳台甚至窗台上的某个角落，然后你就迫不及待地想要开始了吗？真是太巧了，因为如果你能够在第一次霜冻之前开始工作，土壤里的生物们就能更好地帮你。这样，到了春天，你想种什么就可以去种了。

⋯⋯▶ **秋天是养护土地最好的时节。**
下面介绍两种养护土壤的方法，供你参考。

1. 懒人法

用一块旧地毯或是废旧的纸箱板（不要用花花绿绿的，用最简洁的就行）盖于土壤上。这样一来，地里的杂草等植物就开始消极怠工了。等开春，你的除草和修整土地的工作就变得容易多了。

2. 千层面法

对于勤劳的人来说，可以用制作千层面的方式来成就一块超棒的土地！无论是在花园里还是在阳台上，都先铺一块纸箱板，然后，就像做千层面那样一层绿色垃圾、一层褐色垃圾地铺。最后嘛，当然要铺上一层之前做好的堆肥，再盖上一层稻草，然后静静地等待春天到来。相信我，一定会有好结果的！

你知道吗？

千层面法基于用干湿相间的方式激活土地的生命力。很多园丁都会采用这种方式。不过，也有些人想要直接往土里埋树枝、木棍，甚至直径达若干米的树干。于是，有反对者便开始抗议采用这种方法。在他们看来，这已经不是养护土壤，而是在人为制造土壤，从某种意义上说，这是偷换了概念。关于这个问题，相信未来你会有自己的观点，也可能会尝试不同方法。不过，作为初学者，你只需要一块很小的土地。

褐色垃圾有：
稻草、枯叶、
细树枝……

绿色垃圾有：
果皮、烂掉的蔬菜、
茶叶、咖啡渣……

冬
L'HIVER

到了冬天，白天更加短暂，树木进入休眠期，以更好地迎接寒冷、霜冻甚至冰雪。森林寂静无声，园丁们也放慢了工作节奏。这是一段充满梦幻的时光，你可以充分利用这段惬意时光为接下来的"探险"做好准备。好好想想你想要什么，怎么做才能成功。对新手园丁来说，这可是必经阶段哟！

种植的艺术，
也是治愈的艺术

种植不仅仅需要行动，即通过一系列行为来促进植物生长，它更是梦想，一个很快就能实现的梦想。还有人将它视为艺术：既是在土地上种植的艺术，也是被种植治愈的艺术。现在，请问问自己：你的梦想是什么？

生活在撒哈拉沙漠中的游牧民族图阿雷格人有一种说法，登上月亮的梦想一定要有，哪怕实现不了，说不定也能落在星星上。

梦想存在的意义，并不仅仅只是为了实现它。至少，它不会完全按照我们的设想推进。哪怕最终没有到达梦想的彼岸，在这个过程中，我们也能收获其他东西。这也是一种难忘的体验。追梦首先是个过程，在这条路上要时刻准备迎接未知的惊喜。

尽情想象园子的模样

千万不要对自己说："不，这是绝对不可能的。"而是要记下或者用笔画出你最疯狂的想法。这样，到了第二阶段，你才可能随时进行调整。

小贴士

你的梦想只属于你，不需要向任何人解释。为了能更好地规划，你得明确自己的需求和愿望。你对你的种植园有怎样期待？它会为你带来什么？它会既漂亮又肥沃吗？你想要种些什么仅仅只是出于好玩，还是为了沉浸式体验，又或者是为了发现一个令人着迷的世界？对这些问题的回答将有助于你接下来做出选择。这些问题的答案会像指南针一样指引着你。当然了，之后你也可能会改变想法。那么一年、两年……五年之后，你想要实现的梦想是什么？

花园里的福尔摩斯

既然目标已经明了，那就需要知道该从何开始了。你得知道从哪儿开始，又该如何起步。于是，你需要做个调查。那么，让自己化身成侦探吧，成为花园里的夏洛克·福尔摩斯。你要花一些时间去观察、了解、掌握并记录身边的资源，这一切都会为你接下来的行动打好基础。冬季是最合适的季节，你有充裕的时间去完成这一切（最终……其意自现！）。

绘制"身边的地图"

无论你身在城市还是乡村，这一步都是一样的。在着手种植之前，你需要大致了解周遭的环境：自然生长的植物、树木、栅栏和建筑物，太阳的运行轨迹，季节的主力风向等。土壤质地如何？里面有蠕虫吗？有瓢虫吗？后退一步，看向周围：有什么鸟？有水吗？有没有野猪的足迹？天空中有鸽子吗？把你看到的一切都记录下来。渐渐地，你就可以绘制一幅"身边的地图"，知道在这里种植有哪些优点，又有哪些缺点。于是，你便可以为你的园子选择一个最佳位置。

你知道吗？

小气候万岁！

植物的生长需要土壤、水和阳光，但是不同植物需要的量并不相同。比如西葫芦能够经受住炽烈的阳光；罗勒虽然喜光，却禁不住暴晒；种植西葫芦需要大量浇水；但欧芹却能够适应环境自主生长……

要想打理好你的园子，就得把植物种在合适的地方。这就需要你对各种小技巧心知肚明。比如，你有没有发现，树下就比几米开外的地方更加阴凉？朝南的墙面附近会更加炎热？

冬季里，注意观察冰霜。哪个角落的冰霜最不易融化，就意味着那里最为寒冷。相反，如果你的猫最喜欢在某个地方打瞌睡，就说明那里最温暖。啊哈，是不是跟侦探一模一样？

小贴士
好好利用现有条件

有个好消息是，无论现有条件如何，你都可以创造出一些小气候。比如，你可以将植物种在小灌木或是绿篱之后，这些天然篱笆能够帮助你的植物抵御大风。同理，还可以用芦苇当风帘。你可以用树木或是攀缘植物营造荫凉，好好利用房前或是阳台上那些日照充足的地方，引入流水让土壤变得潮湿……总之，方法应有尽有！

实验

为了更好地了解土壤质地，可以抓一把土放入一个透明的广口瓶中，再倒入与土壤体积相当的水。盖上盖子，剧烈地摇晃瓶子，静置至少三天，完成滗析（bì xī）后再行观察。

你会发现不同的分层，从瓶底到瓶口，沉淀物的质量越来越轻。不同沉淀物的厚度能够帮助你了解土壤。

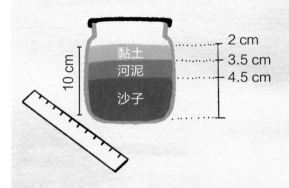

每种类型的土壤都有优缺点：黏质土比较肥沃但不易于耕作；沙质土很松软，但存不住水，也留不住营养。上图中的土壤是相对比较平衡的。不过，如果你的实验结果并非如此，也不要担心。毕竟按照需求，精心打理土地，年复一年，你园子里的土壤质量一定会提高的。

没有园丁就没有花园

现在你已经明确了目标和起点。不过，作为一名新手，你手头还有哪些可以利用的资源呢？你打算什么时候开始种植？有多少预算？你的动机是什么？是时候分析评估一下了。

敢于从零开始

对种植感兴趣的孩子通常分成两类：受过父母、祖父母、邻居或是亲朋好友种植启蒙的孩子——这类孩子其实少之又少，和除此之外的其他孩子。你从来没有种过什么，也从来没有见过种在地里的草莓和番茄，就是想种出一片园子？别担心，它可从来不挑种植者。它是如此慷慨大方，向所有人敞开怀抱，倾其所有。它和其他地方一样，充满着不确定性。如果一定要说有什么是确定无疑的，那就是园丁们经常挂在嘴边的那句话：无所谓起点，始终向着成功的终点而努力。

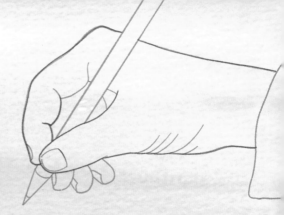

⋯⋯➤ 请填写下表

表中的问题将有助于你有一个良好的开端。

请认真思考，仔细回答。

我对自己的种植园怀有怎样的期待？

我想同时种水果、蔬菜、香草和花吗？

我愿意终年劳作，哪怕冬季也不停歇吗？

我选择在什么地方种植？这里有什么优缺点？

我能为我的种植园付出多少时间？一周两小时？每天半小时？

我手头有多少预算？

我是独自一人种植还是和其他人合作？
如果是后者，那么可以和谁合作？

…

⋯⋯➤ **所有问题都没有标准答案，无所谓正确也无所谓错误。** 所有这些都只是为了让你更好地了解自己以便更好地推进你的计划。认真完成这一步，足以让未来的你不会失望！

工具市场

接下来该为自己配备装备了。就算你并不想让自己的家变成工具库，但有些工具还是必不可少的。这个世界上用于种植的工具千千万万，作为新手，你最好能去借用或是从二手市场上购买一些必备工具。磨刀不误砍柴工，要想成为更好的园丁，你需要：

松土： 如果你用地毯或是纸板遮盖了土壤，或是对其进行了千层面式的养护，那蚯蚓们会帮你完成松土。但是，千万不要像以前的人那样用铁锹或是铁铲翻地（这其实是非常不好的），可以用一把梳齿耙来松土，这样既有助于土壤通风透气，又不会对其它造成破坏。

梳齿耙：
针对土壤的一场小型革命

为了保证在不破坏土壤的前提下松土，最好的工具就是梳齿耙。尽管对于土壤中的生物们来说，梳齿耙会有那么一点打扰，但它们还是会感谢你的做法。毕竟比起铁锹来，耙子要温和得多。而且对你的腰背也更加友好。

把耙齿插进地里

推着它从地的这一头走到那一头

向旁侧挪一步，
重复刚才的动作

整理土地：只需要一把耙子就够了。

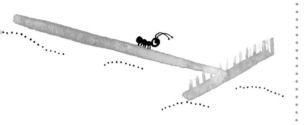

之后，你还要播种、种植、锄草……
于是，肯定会有人向你兜售工具：

穿 = 日常便服 + 遮阳帽

你不需要像专业的园艺工作者那样全副武装，身着园丁制服和配套的靴子，而只需要穿着日常便服即可。可以挑选几件旧衣服，每次干活时都穿那几件，这样就不用每次都翻箱倒柜地找衣服了。不过，一顶遮阳帽可是刚需噢！通常情况下，园丁们都更爱戴草帽而不是鸭舌帽。

小贴士
"耙"的一下
你知道什么叫"耙"的一下吗？你把耙子放在旁边，耙齿朝上。然后你就走开了。等你再回来的时候，噢天哪，它居然倒在了地上！
总结：总有些时候，你可能看不清脚下的路，那么，你就更应该好好摆放工具了。每一次干完活，都不要忘了将工具清理干净以防生锈，并将其置于阴凉干燥处，避免雨淋。

其实，你最需要的还是这个：

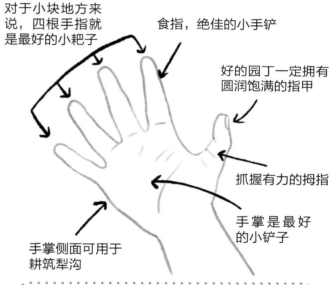

对于小块地方来说，四根手指就是最好的小耙子

食指，绝佳的小手铲

好的园丁一定拥有圆润饱满的指甲

抓握有力的拇指

手掌是最好的小铲子

手掌侧面可用于耕筑犁沟

小贴士
戴手套保护一下，会更安全。

你的手就是最佳工具，可以完成无数精细动作。毕竟一只手至少由27块骨头、36块肌肉和数不清的韧带、神经、血管和肌腱等组成。唯有手才是真正的园艺工具之星！

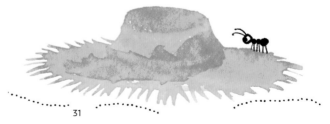

合作的艺术

很多园丁喜欢独自一人打理园子，因为这样可以独享安静时光，能够让自己放松下来，细心观察，进而灵感迸发。不过，从另一方面来说，如果多人合作的话，可以相互激励，碰撞出火花，能够一起欢笑，一起玩耍，一起分享美好瞬间……不如从现在起试着邀请你的兄弟姐妹、好朋友或是邻居一起来种菜吧！

➤➤➤ 一人劳动干得快，多人合作干得好！

想要更好地完成你的计划，你需要别人的帮助。你需要得到一些植株和种子，也需要有人适时提醒，给你出些主意，分享你成功的喜悦，更需要有人陪伴失败时低落的你……那么，现在马上去找个伴儿吧，可以是你的家人，也可以是同住一个街区的邻居。别忘了向前辈们请教，毕竟他们身经百战、经验丰富啊。

可以找爸爸妈妈帮忙

你想凭借一己之力种出一片园子吗？这绝对是你的荣幸。可就算你能力超群，无所不能，偶尔也会需要爸爸妈妈的帮助。比如，关于培植腐殖土的地点，你是不是就应该征求一下他们的意见呢（总不能就用个碗随便一放吧）？如果他们对你的想法心存疑虑，你可以向他们解释你的动机。告诉他们你想要实现的小小梦想，只不过需要一些时间来证明罢了。更何况，等丰收时，你还可以和他们分享成果。如果他们愿意的话，你还可以向他们透露一些园丁的小秘密……那可是独家秘诀哟！

共享花园

如果是多人合作种植，那你就会拥有一片共享园子，种什么、怎么种都是大家共同商议的结果。这里的大家可以是同一街区的人，也可以是同一村庄的人，不一而足。在公共的土地上，你可能会拥有各种美好的遇见。其他人和你都不一样，有年长的，有年幼的，他们看待问题的方式也和你截然不同。尤其是在城市里，已经有了越来越多的共享花园。你身边一个都没有？那为什么不自己建一个呢？把这个想法告诉你的父母、邻居和朋友吧！这或许会开启一段新旅程。

春
LE PRINTEMPS

期待已久的季节终于来了！

你早就准备好拥抱大地、全身心投入种植了吧？春意盎然，欣欣向荣，就等着你付诸行动实现梦想了。那么，开始吧！

了不起的 1 平方米！

有个小建议，一开始不要贪大求全。因为如果你想在极短的时间里收获最多蔬果，那么一旦失败，你将会受到巨大的打击，以致心灰意冷。不要拔苗助长，按部就班才是最好的方式，静待花开才能体会长长久久的乐趣。

第 5 堂课
面积小一点，耐心多一些

你压根不同意这一点？没关系，跟着自己的感觉走，静下心来，认真体验。必要时，你还可以做出调整。

⋯⋯▷ 小空间承载大梦想

1 平方米是最适合新手的种植面积。这个大小足够你做出选择，发挥创意，又不需要花费过多的时间。你可以在这里种植各种不同的植物，看高度和生长速度都不同的它们是如何和谐相处的。比如，番茄可以顺着小木桩攀爬。随着它的生长、开花、结果，你可以在它脚下再种上其他植物，例如生菜和红皮白萝卜，它们的生长周期都很短。

小贴士
美化你的园子

美化园子是很重要的。毕竟，清爽又美丽的园子能够带给你更多的愉悦感，你也更愿意花时间去打理它。

小贴士

所谓 1 平方米的土地，可以是正方形的，可以是圆形的，也可以是长方形的等等。你可以选择自己喜欢的形状，尽情发挥想象力吧。

第 6 堂课
着眼整体，
关注细节

⋯⋯▶ 打理好你的地盘

如果你选定了地方，就请尽量把它打理得美丽一些，可以种上不同的植物，让它变得愈加迷人。你可以种草莓、覆盆子、百里香、薰衣草、乔木和灌木，让植物的芬芳弥漫在空气中。前提是这里的空气是流通的，有充足的水，还要确保使用工具时不伤着植物。不过，为什么不可以把这里打造成一个令人放松的地方呢？在植物的陪伴下，你可以读书、画画，甚至发呆冥想⋯⋯一旦有了这样的想法，那就需要好好构思细节了。

在阳台上种植

其实都一样。与户外种植相比，阳台种植最大的不同在于，你需要依据植物的类型准备不同的瓶子、箱子或是花架。对于浅根系植物（根须深度为 10—20 厘米左右的植物）如罗勒、红皮白萝卜或生菜来说，小型容器即可。但对于深根系植物（根须深度为 40—50 厘米右的植物）如番茄、四季豆或黄瓜来说，则需要更大更深的容器。

划重点：无论是罐状的还是箱状的，所选用的种植容器最好都是木质的或是陶制的，因为它们的透气性都比塑料好。在往容器中装满土之前，最好先在底部铺上一层石子，以防植物的根须吸收过多水分。

植物也有需求

尽管植物不会动，也不会说话，但它们也是有生命的。它们的存在是长期进化的结果。4.75 亿年前，植物们诞生于海中而并非陆上。植物为人类提供食物和新鲜空气。我们住的房子、穿的衣服，就连你捧在手里的这本书都有它们的功劳！缺了植物，人类压根就不可能生存。

⋯⋯▷ 一株植物就是一个生命，一生待在同一个地方。
无论风吹雨打还是被人践踏，它都无处躲藏，
也无路可逃。可不管怎么说，植物和人一样，
都有生命。它出生、长大，需要营
养，会呼吸，能繁殖，最终也会
在某个时刻死去。
为了能够更好地
照料植物，我们
需要尽可能地了解它
的生长条件
和它的需求。

⋯▷ **以西葫芦为例**
它的生长需要土壤
（它的根须
能够从土壤
中吸收水分
和矿物盐）、
二氧化碳（从空气中获取）和阳光
（在叶绿素的作用下，结合光照，
叶子方能成为绿色）。有了这三种基础物质，
植物便能够制造出自身生长所需要的糖分。正
是在光合作用下，它才能释放出水蒸汽
和我们需要的氧气。

西葫芦的繁殖

为了结出果实，雌株需要得到雄株的花粉。这样它才能"怀孕"。自然界中的昆虫将担此重任。不过，如果你想亲手尝试一下的话，也可以自己手动操作。

你知道吗？

植物的生命周期不尽相同。有些植物活不过一年，每年都需要重新播种（这就是一年生植物），而有些可以活上两年（被称作两年生植物），还有些能够长久地活下去，这就是多年生植物。我们的地球上拥有超过 40 万种植物。目前所知的最长寿的植物是生长在北美落基山脉的刺果松，已经活了 4700 多年了！

西葫芦的一生

种子

发芽

开花

结果

回归大地（死亡）

小结

植物的健康生长需要水、阳光和富有营养的土壤。

挑选植物

接下来就该做出选择了。因为你不可能同时种所有植物，所以就要好好想想自己喜欢什么，想要种什么。你是想要种出更好吃的植物，还是更便于观察的植物？你想和家人朋友分享什么？无论你选择种什么，最重要的都是要有所收获。

┈┈▷ 初学者方便种植的几种植物

红皮白萝卜

作为激发食欲的实力派选手，红皮白萝卜也最适合初学者上手，因为它长得很快！

> 从春季到秋季，可以每周都播种，可撒播，也可条播。播种时要注意间距，以2厘米为最佳。

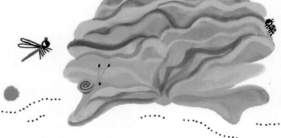

生菜

生菜品种很多，有结球生菜、皱叶生菜、芝麻菜等等。各种生菜虽然口味各异，但却都可以全年种植！比如野苣，甚至在大冬天都能吃到最新鲜的。

> 既可以在户外种植，也可以依据不同变种，进行移栽种植。

第 7 堂课
关注品种

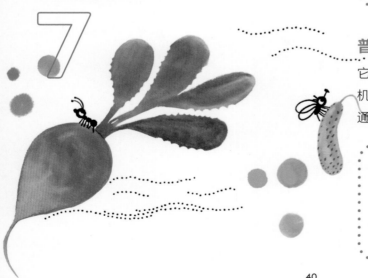

普通黄瓜和嫩黄瓜（用来制作酸黄瓜）

它们其实是同一种植物，唯一的区别在于采摘时机不同：嫩黄瓜一般在结果后两天内采摘，而普通黄瓜则待完全成熟后再采摘。

> 通常于五月初在户外种植，因为那时已不用担心冰霜。也可以从三月初开始种植，但需注意保护幼苗，从五月中旬开始可以移栽。黄瓜苗旁需扎些木棍，便于爬藤。

洋葱

我们吃洋葱时，吃的是它的球茎。洋葱已经有 6000 年的种植历史了，既有可以生吃的白洋葱，也有更适合炒熟后再吃的红洋葱和黄洋葱。

> 种植洋葱时，需挑选直径小于 2 厘米的洋葱头，种植间距 10 厘米，深度 3 厘米。

豌豆

豌豆其实是包裹在果实（豆荚）中的种子。豌豆口感清甜，很受孩子们喜爱。有的孩子甚至喜欢生吃刚摘下来的新鲜豌豆！

> 冬季即将结束时最适合播种豌豆，种植间距为 1—2 厘米。当植株长到 15 厘米高时，需要培土并绑缚幼苗。

⋯⋯▷ 别忘了，香料和花也很适合种植，前者包括罗勒、欧芹、细香葱、牛至、芫荽等等，后者有琉璃苣、旱金莲、波斯菊、大丽花、菖兰、万寿菊等等。

水果还是蔬菜？

蔬菜是用来食用的。依据品种的不同，蔬菜的食用部位也不尽相同，有食用根部的（胡萝卜），有食用叶子的（生菜），有食用花的（琉璃苣），有食用果实的（西葫芦）。一般情况下，蔬菜都需要经过烹饪再食用。有的植物既可以生吃，也可以烧熟后再吃，比如番茄既可以算作水果，也可以算作蔬菜。不过，不管是把它做成咸口的还是甜口的，番茄都是授粉之后结出的果实。你懂了吗？

考考你

你知道日常食用的蔬菜，我们都是吃它们的哪一部分吗？请尽可能多地列举出来并将它们进行正确归类。

答案：

有用植茎和根茎做蔬菜的主要有：马铃薯、胡萝卜、芹菜、块茎甘蓝、甜菜、鸢尾、洋葱和韭葱等。

有用叶子做蔬菜的主要有：莴苣（jūn）菜、菠菜、水田芥、西洋菜、芝麻菜、红菊苣等。

有用花蕾或花做蔬菜的主要有：朝鲜蓟、花椰菜、西兰花等。

有用果实做蔬菜的主要有：大椒、圆茄、小黄瓜、西葫芦等。

有用种子做蔬菜的主要有：蚕豆、菜豆、豌豆等。

对未知充满好奇

可以种植的植物都源自野生变种，千万年间，经过人类的筛选，适于食用的保留了下来。100 年前，还有超过 1 万多种可食用植物，但因为人类爱吃的始终都是那几样，时至今日，已有大约四分之三的植物都消失了。保有好奇心才能对植物充满兴趣。有些满怀激情的园丁会尝试在他们自己的园子里重新种植那些已然消失的植物，并让它们为更多人所知。你会不会是他们中的一员呢？

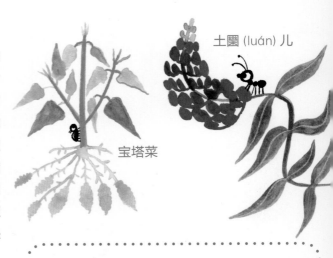

土圞 (luán) 儿

宝塔菜

菊薯

辣根草

小贴士

想想永续蔬菜吧

所谓永续蔬菜是指那些不需要每年播种、种一次就可以收获很多季的蔬菜。它们不需要人们花太多时间进行打理，而且绝大多数较少受到病虫害的侵蚀。代表性的植物有酸模、菠菜、大蒜、大黄。你要不要试着种一下？

如何获得幼苗和种子？

最理想的方式当然是从附近的农民或是有经验的种植者那里得到适宜本地种植的品种。你也可以从专门售卖幼苗和种子的市场上购买（不过，要尽量避免经过所谓标准化批量加工的种子，它们可能无法繁殖）。如果你身边没有可靠的途径，也可以尝试网上订购。

泽芹

秘鲁酢浆草

藜

洋姜

法国菠菜

苣荬菜

种植的基本步骤

准备土壤

尽管你已经用梳齿耙松过土了，但为了接下来的种植，你需要更加精心地伺候好土壤。尽可能拔除土壤中存留的根须，清除其中的小石子及其他野蛮生长物，之后再用小耙子精心打理一遍，为接下来的播种和种植打下坚实的基础。

播种

播种要足够细致灵巧。播种也分好几种方式，需根据具体情况具体分析。

- **撒播** 尽量将种子等分，用小耙子将它们埋入土中，再盖上一层薄土。

- **条播** 挖好条状犁沟，将种子播入其中（间距依据植物种类的不同而有所区别），之后用薄土覆盖犁沟。

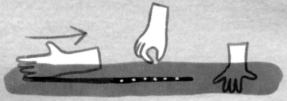

- **点播** 每个点播穴播下2—4粒种子。

- **盆播** 采用这种方式播种的植物将会一直在花盆中生长。

- **箱播** 箱子只是暂时的，待幼苗长到一定程度，就移栽进花盆。

小贴士

播种完成后，需要大量浇水。为了避免乱七八糟的东西混入种子中，在播种前就应该往土壤中浇许多水，待播种完成后再浇一些水，不过水量要均匀，动作要轻柔。这样土壤就能保持适宜种子发芽的湿度了。

移栽

所谓的移栽，指的是先将植物种在小花盆中，待它长到一定程度再移到户外继续种植。为此你需要先在小花盆里装满土，并在土的中心位置挖个洞。将幼苗小心地种到花盆里，尽量不要弄伤它的根须，再多浇点水。

种植（移栽到户外）

先将花盆浸泡10分钟，同时在户外土壤中挖个坑，大小是花盆直径的两倍。轻轻抽出花盆中的土（具体方法是把花盆倒置，一只手抓住盆底，另一只手将土块整个抠出来），将连带着土块的幼苗整体放入坑中。用薄土覆盖好坑洞，多浇点水。

你的第一个园子

这个独一无二的园子完全属于你，让你食欲大增、身心愉悦。它会是什么样子呢？精心打理、种植多样也好，野蛮生长、顺其自然也罢，总之，就看你怎么做了！

假设它占地 1 平方米

为了种植尽可能多的植物，你需要仔细盘算，除了主要植物之外，还需在它周围种下高高低低不同大小、不同类型的植物。

▶ 1. 樱桃番茄万岁

在园子中心纵向种植两棵樱桃番茄，间距为 50 厘米。就在这一列上，以 25 厘米为间距，种植生菜（这样在樱桃番茄的生长期，你就可以收割生菜了！）。纵轴以东，可以种植一列罗勒和一列甜菜，在它们之间可以种红皮白萝卜；纵轴以西，可以种些万寿菊和胡萝卜。

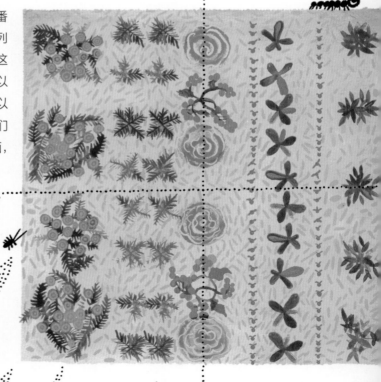

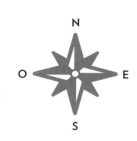

小贴士

根据日光种植

太阳东升西降，中午时分位于正南方。如果园子中心位置种的是偏高的植物，那么位于东边的植物会在上午得到充足的光照，而位于西边的植物则会在下午享受日光。所以，你可以根据这个特点来选择种植位置。

▶ 2. 西葫芦及其他

5月初，在种植园西南角约 1/4 处（距菜地边缘 30 厘米左右）种两棵西葫芦，并在它们周围种些红皮白萝卜。接着，在种植园东南角约 1/4 处（距菜地边缘 25 厘米左右）种一棵生菜。最后，沿着菜地北沿种 4 株玉米（间距为 20 厘米）。如果还有空地，可以在生菜和玉米之间种点波斯菊（距菜地边缘 10 厘米）。

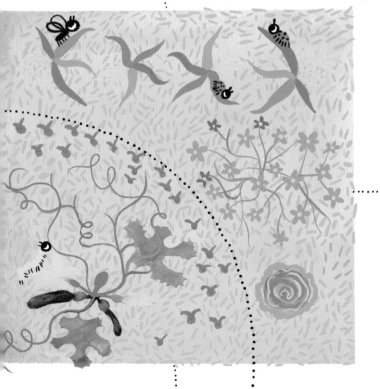

小贴士

待西葫芦发芽后，选择留下看起来更强壮的那株，而将另一株拔除。以同样的方式对玉米苗进行人工筛选。为了让幼苗们更好地生长，要确保它们的间距在 20 厘米左右。

▶ 3. 方格式种植

有的园丁更乐意方格种植。他们会将 1.2 长 1.2 米宽的土地等分为 16 份，其中每个方格的边长都为 30 厘米。每一块小方格中都可以种下不同的植物：

◆ 1 株特别高大的蔬菜（如蕃茄，茄子，花椰菜……）

◆ 4 株高大的蔬菜（如甜菜、小洋葱、茴香……）

◆ 9 株中等大小的蔬菜（如菠菜、四季豆、韭葱……）

◆ 16 株小蔬菜（如胡萝卜、芥菜、洋葱……）

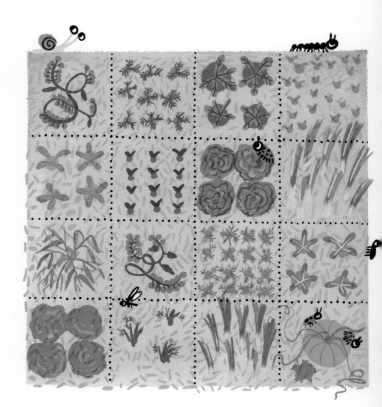

▶ 4. 有趣的野蛮生长

你也可以随心所欲地播种和种植，按照自己的想法和灵感，将不同植物混杂在一起种植。这时，就不需要受到各种条条框框的限制了。而结果，可能会有无限惊喜哟！

种植的基本步骤

定苗

如果播种时播得过密，那就得在必要的时候拔除相对弱小的植株，留下更为强壮的，以便它们更好地生长。拔除的时候要特别小心，千万不要影响到旁边的植株。拔除之后要及时浇水，好让其他植株继续生长。

培土

培土时，要将土壤垒成一个小土堆，堆于植物脚下，这样更便于植物生根或是球茎的长成。对于某些植物来说，这是必不可少的一步，比如韭葱、土豆、四季豆、蚕豆、豌豆。

剪枝

剪枝就是要剪去多余的枝叶，以便让植株更好地成长，结出更加饱满的果实。比如，种南瓜时，当其藤蔓上长出 4—5 片叶子时，就需要剪去第二片叶子以下的藤枝。待到结出小南瓜时，还需要再次剪去每个小南瓜第二片叶子以下的藤枝。

搭架

有的植物喜欢爬藤。你就得给它们准备可以攀爬的东西，一棵树、一片栅栏或是木篱笆，竹篱笆也行，还有细绳、树枝等。你完全可以依据自己的想法、喜好和手头现有的材料来决定采用哪种方法。

夏
L'ÉTÉ

夏天意味着阳光、假期和满满的收获。然而，偶尔遇到极端天气、暂时外出度假、访客出乎意料到来，还有碰上不想参加却又不得不参加的聚会，这一切都可能让我们疏于打理夏季的园子。别担心，接下来就会告诉你该如何按部就班地照料好园子。

让你的园子充满生机

悠长假期开始了。此时，你已将一切准备就绪：种子已经播下，开始茁壮成长，每一天你都满怀欣喜地观察着这个生长着的新世界。然而，植物不会说话，只会安静地生长，这会让你感到苦恼，总是会想：现在，我该做些什么呢？

要尽可能地去观察，最好每天都去。 如果你对自己种的植物足够熟悉，就可以通过观察活动在它们周围的昆虫来判断它们的状态。其实，你还要时不时地给它们除除草，将番茄苗绑在小木棍上，给南瓜剪剪枝叶，看看它们结了多少果，土壤缺不缺水，并适时地予以浇灌。

第 8 堂课
收集并存储能量

小贴士

没有水就没有生命。因此，你需要准备一些瓶瓶罐罐来储存雨水或洗菜水。你会发现这其实是最经济的方式。

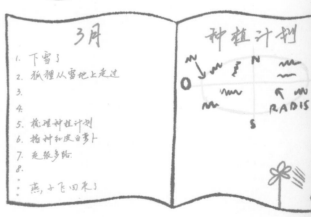

记录你的举动、你的选择和你的观察。
反常的天气、苗木的状态、最后的收成，这一切都是属于园子的记忆。记录越仔细，你的进步就会越大！

品种	获取途径	播种日期	发芽时间	移栽时间	备注
豌豆	谷物库	3月12日	—	3月25日	一切正常！
番茄	周叔叔给的	3月18日	3月15日	3月26日	7月31日收获3串 批果实
红皮白萝卜	购于种子公司	3月29日	—	4月2日	种得太密了……它们都得奇形怪状啊！

种植的基本步骤

浇水

浇在哪儿？

要么浇在植株脚下的土壤里，要么就在两排植物之间挖个小沟，将水浇在沟里。植物也可以通过叶子吸收水分，所以也需要时不时地往叶片上洒些水，还要时刻注意观察周围，看看有没有冒出小蘑菇（毕竟蘑菇最喜欢潮湿了！）。

什么时候浇？

植物通常从日出开始吸收水分，所以最好一大早就给它浇水。这样，根须既不会一整夜被水浸泡，而水也来不及在日照下变成水蒸气，植物可以更好地吸收。不过，如果你不是个能早起的人，那就在傍晚时分浇水吧。总之，浇水的时间要避开正午。

怎样浇？

最好一次浇透，但浇水的频率不要高。这样水才能渗透到更深处。（可是，如果是在沙地里，那是另当别论了！因为沙子存不住水，所以需要每次少浇一点，但增加浇水的频次。）

小贴士

不同的植物对水的需求是不一样的。想要知道是不是该浇水了，就把你的手指伸进土壤中试试。如果土是湿润的，那就再等等。如果土是干的，那就立刻行动吧。依据时节的变化，你会找到合适的节奏，找到最适合你的土壤、当下气候和你所种植的每一株植物的浇水法。

覆盖

等你的植物长到一定时候，就需要用枯叶、稻草、木屑、草屑或是手边可以找到的其他干燥的东西覆盖在它脚下。这样可以帮助它抵御阳光的炙烤和可能遭遇的狂风暴雨，还能让它长期处于湿润的状态中。由此可见，好的覆盖还可以减少浇水的频率呢！

小贴士

有些园丁喜欢用塑料布来"盖"植物。可是，随着时间的流逝，塑料会分解成对土壤、地下水和植物（可以通过根须吸收有害物质）有害的微粒，最终也会影响到水果和蔬菜的品质！所以，还是不要再用塑料了吧！

精心打理你的植物

为了让植株健康成长，可得精心打理土壤。可就算
拥有肥沃的土壤，也不代表植株就不会遭受病虫害。
接下来的做法或许能对你有一点帮助。

一旦植物打蔫儿了，你首先该问的是：它是不是缺水了？或者，相反地：
是不是水浇得太多了？排除这两个疑问，才可以进行更深入的诊断。你
看到那些小黑点了吗？那说明你心爱的植物十有八九也被蚜虫看上了。
看到那些小白斑了吗？看来是染上霜霉病了。为了帮助你的植物度过难
关，你可以这么做：

诱敌深入、一举击溃

你知道该怎么对付马铃薯甲虫（一种专吃马铃
薯的虫子）吗？你知道万寿菊能吸引食蚜蝇（蚜
虫的天敌）吗？看来，把这些植物混种在一起
是个不错的办法！

帮助植株增强抵抗力

你可以自制杀虫剂。荨麻就是个宝藏，既能够
让植物变得强壮，又能激发土壤活力。制作方
法也很简单，在植株根须周围挖几个小洞，埋
入新鲜的荨麻碎，或是将其掺入水中，浇灌植
物即可。

制作荨麻水

摘一大束荨麻，取一个大容器放入
荨麻，并灌满水，浸泡 2 个星期。
这段时间里，时不时需要搅拌一下。
之后，用一块干净的旧抹布过滤荨
麻水。再对荨麻水按照 1:9 的比例
进行稀释。杀虫剂就做好了。

第 9 堂课
多多利用可再生资源

9

围绕这一条，来做些什么吧。最理想的状态是，你的种植园能够自然而然地形成一个生机勃勃的生态系统，病虫害其实也是对这一系统的自然调节。不过，生态系统可不是一朝一夕就能形成的，为了推动它的形成你可以使用以下绝招：

◇**万能制剂**（将一小勺小苏打和一小勺液体马赛皂加入 1 升水中即可）用来对付霜霉病和白粉病。
◇**荨麻水**（制作方法同前，但是荨麻水与水的比例为 0.5:9.5）用来对付蚜虫。
◇**草木灰或蛋壳碎**可以对付鼻涕虫。
◇**喷水**可以对付藏在叶片中的红蜘蛛，毕竟它们最讨厌被弄得浑身透湿！

要点： 无论采用哪种方式，都要尽量避免污染环境，也不要对自己的身体造成任何伤害。

包容多样性

无论如何都要确保生物的多样性。只有你的园子中生活着足够多样的生物，才有可能当植物因为天敌岌岌可危时，出现天敌的天敌，进而挽救你的园子。蚜虫和鼻涕虫会一直存在，但却威胁不了你的植物！

⋯⋯▶ 要想让你的园子变得多样，最好的方法就是丰富生态系统：灌木丛是刺猬们最喜欢的，石堆里可能会有游蛇，如果有一方小水洼，那就可能会招来青蛙，还要给球蜤们觅个合适的藏身处⋯⋯可以参考鸟类保护类网站或《灰林鸮》杂志，准备若干孵化笼。至于鼻涕虫、毛毛虫和田鼠嘛，就顺其自然吧！

第 10 堂课
要融合不要分隔

你知道吗？

如果除草过度，园丁们将不得不面对园中野蛮生长的、自己亲手种下的植物。为此，他们应该能够识别"有害的杂草"，而不是不分青红皂白就拔除所有的草。其实，有些"杂草"还是"好草"呢，比如蒲公英，因为它的根须可以深入很深的地下，吸取矿物质；狗牙根能够让土壤变得松软；曼陀罗可以减少污染⋯⋯这样的野草应该合理存在于你的园子中。

吸引能传粉的小虫

昆虫是你的园子里不可缺少的生物。采蜜的过程也伴随着传粉。为了能够吸引昆虫，要尽可能多地种植各种植物，同时还要给野草留些空间。在中心位置种些一年生植物，比如波斯菊，琉璃苣，向日葵；在边缘地带种些薰衣草、迷迭香和万寿菊。这样更容易招来昆虫。如果你的地盘够大，不妨考虑种一排小篱笆。它不仅可以挡风，为诸多生物提供庇护，还因为它本身就是植物，可以自然生长，开枝散叶。你只需要认真观察这个小小的世界就好！

一个自由生长、异彩纷呈的篱笆

可以将花期不同的树木和小灌木混杂着种，如冬季开花的荚蒾、春季开花的醋栗和夏季开花的野草莓树。不同树木的高度也不一样，尽可能让它们生长得错落有致。既有落叶树，又有常绿树，还要有多刺植物，比如英国山楂树、枸骨叶冬青和玫瑰树，以方便鸟儿们筑巢。当然了，还要有一些能够给昆虫和小动物们提供食物的果树，如接骨木、忍冬、月桂和犬蔷薇等。这么多植物，需要依据当地的气候和土壤进行选择。

种植的基本步骤

种一棵树（或一棵灌木）

什么时候种？

一定要避开霜冻期。

怎么种？

种植前请先挖好洞，并将挖出来的表层土壤和深层土壤区分开来。

多浇水，多施肥，再盖上一层稻草或草屑。

如果你手头的树苗根部是裸露的（即没有土球包裹），那么你需要先将坏掉的根须修剪掉，再将其浸泡在水和泥土的混合液中，直至树根吸附潮湿的泥土被包裹住（这个过程，我们称为"窝根"），之后再将树苗放置于提前挖好的坑里。如有必要，还可以在树苗旁插一根长木棍，将树苗和它绑在一起，以确保树苗能够笔直地生长（注意不要绑得太紧，不然可能会把树苗给勒死）。接着，就是尽可能地将这个土坑恢复成原样，最好在中间留个小凹槽，方便水流下渗[1]。

然后呢？

头两年，如果春天和夏天都干燥少雨，那就需要时常用喷壶洒水，大约每周6升水，注意要浇在树根部。

[1] 如果土壤潮湿又紧实，那就要采取相反的做法，即在树根处垒一个10厘米到20厘米高的小土堆。

以赛普·霍尔泽的方式在阳台上种菜

赛普·霍尔泽是一位闻名遐迩的奥地利农民，就是他把寒冷而贫瘠的山地改造成了一片生机勃勃的绿洲。从他身上，你或许可以学到怎样让你的阳台小园变得丰富多彩。特别是如果你生活在城市里，那就更棒了，这简直就是为你量身定做的！

收获时节

终于到了收获的时节了！蛋糕上的那一颗樱桃就是对你这段辛苦时光的最大奖赏。尽情地和家人、邻居、朋友们分享丰收的喜悦吧！多美好啊！

⤍ 一开始，可能不大好判断采摘的时间

你甚至不知道该如何采摘。番茄熟了吗？西葫芦长得够大了吗？四季豆可以摘了吗？哎哟，黄瓜变黄了！毕竟采摘得太早或是太晚，有些菜就不能吃了。所以，你要能够发现果蔬成熟的征兆。别担心，你很快就能掌握的。下面就给你介绍一些技巧：

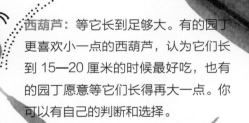

西葫芦： 等它长到足够大。有的园丁更喜欢小一点的西葫芦，认为它们长到 15—20 厘米的时候最好吃，也有的园丁愿意等它们长得再大一点。你可以有自己的判断和选择。

番茄、草莓和甜椒： 颜色变得足够鲜亮就可以采摘了。

四季豆： 你觉得它长到合适的长度了，就可以采摘了。

黄瓜： 一定要注意最佳采摘时机，一旦错过，黄瓜就会变苦。

莙荙菜或菠菜： 叶子长到又绿又大时就可以采摘了。

小贴士

采摘最好在早上进行，此时的果实上还挂着露珠，而且气温也不高。

南瓜和土豆： 要等到植株开始发蔫时采摘，摘好后，最好让它们在阳光下晒两三天再收起来。

小贴士
有的蔬菜可以采摘数次

收割生菜时，千万不要将它们连根拔起，而要将它们从根颈处割下。这样，很快你就能再收一茬。同样地，只要你不是将罗勒的叶子一片片全部摘下，它很快就又能再长出来。具体方法就是采摘的时候，将分枝连叶摘下，这样你很快就能再摘第二次、第三次甚至第四次！

小贴士
蔫了的菜叶也可以吃

蔬菜上发黄或发蔫的叶子通常都被直接扔掉，但其实它们非常美味。你如果看到这样的菜叶或是胡萝卜、甜菜、西兰花和红皮白萝卜上的叶子，可以将它们洗净并切成细丝，然后制作成蔬菜浓汤，加点干酪做成蔬果塔，或加入美味的蛋卷中，那一定会让你的客人们惊掉下巴！

保存，是为了延长赏味期

最理想的状态当然是将采收的蔬果直接送上餐桌。可是，有时候收获得太多，那就得想办法将它们贮存起来。以下是几种供你参考的贮存方法：

用广口瓶：大部分水果都可以制作成果酱，而大部分蔬菜也可以腌制，这样就可以将它们存放于经过杀菌处理的广口瓶中了（制作过程和保存温度视食材而定，可以参考相应的制作菜单）。

冷冻：十分常用，但对能量消耗巨大，适用于绝大多数水果和蔬菜。（请尽量避免使用塑料制品，你可以用玻璃容器或是不锈钢容器来装盛，这样还可以无限循环使用呢！）

干燥：适用于各种香草以及番茄、辣椒、甜椒、无花果等。针对不同的蔬果，所采用的干燥方式也不尽相同，你最好在采摘之前了解清楚。

盐渍：这是一种十分古老的方式，可以最大限度地保存食物中的维生素和营养物质。做法就是将食材浸泡于盐水中。具体操作可以查阅相关书籍或专门的网站。

然后呢?
ET APRÈS

一切又重新开始了

这是一个循环，有始有终的完美闭环。每个环节环环相扣。正是这样的循环造就了你无始无终的园子。因为每个季节都在为下一个季节做准备。身为园丁，必须把前瞻性刻在骨子里。一举一动都沿着时间的轨迹推进，看得到时光的变迁，感受得到太阳东升西降和地球上的四季轮回。现在，你也要融入这个圈子了。

如果你想在冬天收获

请在夏末时开始种植。通常在八九月间开始种植耐寒的生菜、野苣、芝麻菜、芜菁、红皮白萝卜或是黑皮萝卜，也可以种白菜和韭葱等。你会惊讶地发现，可以种植的品种居然那么多！

你知道吗？

黑皮萝卜是一种生长在冬季的萝卜，味道可口，尤其适合生吃，可以切成丝或薄片直接食用，也可以用来烧汤、做沙拉甚至炸萝卜条！这种美味的蔬菜曾经一度被人遗忘，不过幸好它又重回人类视野，并且大受欢迎。

小贴士

要想好怎样将各种植物分门别类有序种植，以确保你能进行多次采摘。

土壤、土壤还是土壤！

我们总是不厌其烦地说，作物的质量在很大程度上取决于土壤的质量。因为蔬菜的生长需要大量营养，与此同时也会反哺土壤。在寒冬到来之前，请给你的园子施好肥、浇足水，再铺上一层厚厚的稻草。接着，为来年春天沤些新肥吧。最理想的当然是用手头已有的东西制作堆肥了，包括上一季剩余的肥料，以及当前可以用于制作堆肥的材料。怎么，你觉得很复杂吗？其实未必。这是一个习惯问题，也是一个关于如何制作的问题。

小贴士

制作失败的堆肥与垃圾无异，所以有些园丁干脆就直接将厨余垃圾当作肥料倒在种植园里，再铺上一层稻草：各种微生物就这样在我们需要的地方辛勤耕耘着！为了让你的园子土壤更加肥沃，你也可以采用千层面法。当然了，每一种方法都有优缺点，你要根据自己的实际需求做出选择。

浇水

为了滋养土地，你也可以施绿肥，就是将一些有特殊功用的蔬菜种在园子里，既能保护并滋养土地，又能杜绝一些"恼人的东西"。

哪些植物可以作为绿肥？

芥菜、黑麦、菊蒿叶沙铃花、绛车轴草、菠菜、巢菜、荞麦……（你所在的地方，可能还有其他可以作为绿肥的蔬菜）。

怎么种？

在春天或是秋天播种，通常采用撒播或者点播的方式，待完成一轮收割之后，再将其埋入土中。（需要注意的是，有的绿肥植物比较耐寒，那么，在埋进土之前最好将其切成细丝；当然了，具体情况还要具体分析。）

种树时节

秋季也是种树的好时节。如果你的园子还有空地，不妨种下一组错落有致、品种多样的小灌木。

你可以做得更好

你知不知道，自己的园子里还蕴藏着各类种子，很多植物也会生宝宝？如果你想的话，说不定还能参与其中呢。这既简单又经济，还能给你带来巨大的满足感。那为什么不试一试呢？

创造新种子

这可不简单，你得随时准备迎接惊吓，因为有的植物经过嫁接之后会产生"怪胎"！所以，你最好从比较容易操作的植物开始，比如四季豆、生菜和绝大多数花。等慢慢熟练了，再试着按自己的心意，充分利用身边的植物进行尝试。选择你认为长得最漂亮、最精神又最健康的植物，等待它的第一批果实熟透（或是第一轮花期彻底结束）。确保在干燥的季节采摘它们，剔出种子，置于干燥的纸袋中密封保存。

你知道吗？

F1 杂交种子是不能繁殖的。为了能够得到种子，播种时最好采用经典的、古老的甚至可以说是最淳朴的方法。

小贴士

对于四季豆来说，最好等到豆荚完全干瘪再剥离出种子；对于番茄来说，将种子撒入水中，唯有沉入水底的种子才是合格的……每种植物都有鉴别种子的方法，你最好在播种前就学会噢！

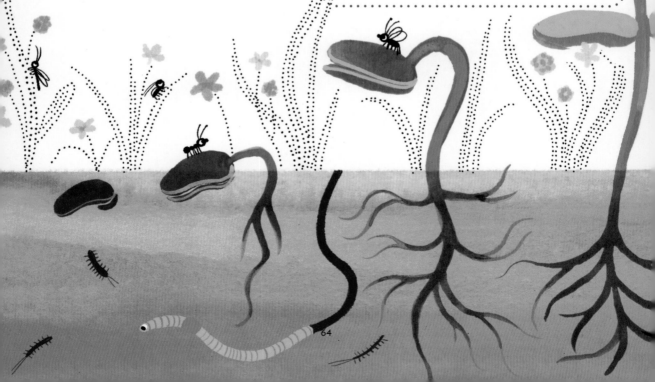

让世界充满芬芳

与其制造毁灭性的炸弹，不如做一些让生活变得更美好的事情。诞生于古埃及的"种子炸弹"是爱好和平的园丁们最中意的武器。他们只想让生活重新回归和平与安宁。

原则：在环境遭受破坏的地方重建植物多样性，借助于野生或是种植（不具侵略性的）植物如向日葵、驴蹄草、旱金莲、虞美人、琉璃苣、波斯菊、罂粟、万寿菊、蒲公英、车前草、蜀葵、芥菜、苜蓿、菊蒿叶沙铃花、四季豆、红皮白萝卜、胡萝卜、酸模、细香葱、百里香、鼠尾草……数不胜数！

方法：春季，尤其是雨水充沛的时节，将黏土和普通土壤或堆肥以 2:1 的比例进行混合。加入适量清水，用手将土捏成一个个直径约 2 厘米的圆球，往球中塞入 3—10 粒种子（具体依据种子大小而定），再捏成团。放置几天……就可以准备投弹了！具体情况还要具体分析。）

要点：不要在公园、自留地或是物种已经很丰富的自然地区进行种植，因为你会发现自己带过去的东西发挥不了作用，最好带着你的"炸弹"前往荒原、人迹罕至之处或是被废弃的花园、草场……总之，就是所有自然生态遭到破坏的地方。

你知道吗？
关于种子、水和生命

种子看起来平平无奇，但其实充满生机。再广袤的森林都源于一颗颗小小的种子。大地一望无垠，等待播种，那是一片沉睡中的宝地，正在等待种子的发芽声将它唤醒，从此生机勃勃……多么蓬勃的生命力啊！

种植的基本步骤

除了播种之外，还有其他方法
能帮助你在不同条件下创造新
的植株。

扦插

取一根长约 10—15 厘米足够柔软的枝，摘去下
半部的叶片。将其插入混合着堆肥和沙子的土
壤中，浇上水。几个月后，当新的根须长出来后，
将它移栽到合适的地方。

┈┈▷ 也可以采用水培的方式，将枝条插入水
中（水培用水要定期更换）。待到根须
足够强壮后，再移入较大的盆中。

压条法

夏初时节，选一根新长出来的柔软枝条，摘去
部分叶片，直接将其埋入土中，它便会生根。
待到冬天，将其从母株分离，种植在其他地方。

按束分离

用铁锹连根带土挖出植株，种
在其他地方（也可以整块
挖出，以便更好地
分离）。

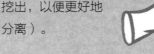

分离根蘖（niè）

对于盘根错节的植物（覆盆子、丁香、榛子等）
要仔细地切断其长长的根须，使之与母株分离，
之后再将新株移栽到你想要种植的地方。

四季小园: 小小播种历 [2]

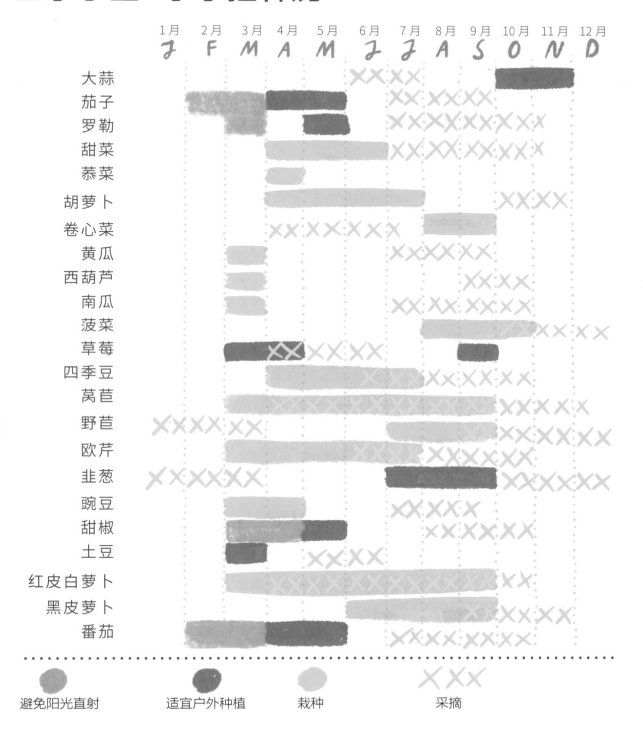

避免阳光直射　　适宜户外种植　　栽种　　　　采摘

1 这份播种历所给出的时间仅供参考（所依据的是法国时间——译者注）。因为你所生活的地区可能存在气候差异，在法国南部和北部，沿海和山区之间可能会相差 3 周。而你所种植的植物有的早熟，有的晚熟，所以也需要你依据具体情况制定出适合当地的播种历。

坚持下去才能成为好园丁

你日复一日地尝试着、耕耘着，尽了自己最大的努力，然而，结果总是不尽如人意？植物长得不够壮硕，菜叶上满是虫眼，收获季到来时，采摘的果实少得可怜……你是不是想撒手不干了？耐心些。不积跬步无以至千里，这句话对种菜同样适用。

推开园门，就是打开一幅生命画卷：它五彩斑斓、令人惊叹也充满乐趣。既然有无数快乐的时刻，那必然也承载着诸多失望的瞬间。打理园子教会你的可能是你平时不会注意的优点，比如耐心、谦卑和坚持。在这个节奏越来越快的世界里，要做到这些还真不容易。当你受到打击时，千万不要硬撑着蛮干。让自己稍微休息一会儿，整理好心情再出发，你会发现梦想和干劲又回来了，而且能持续很长一段时间。到那时，一切都会变得清朗起来。

第 11 堂课
随机应变
11

你知道吗?

人类（Humain）、腐殖土（Humus）和谦卑（Humilité）源自相同的词根。它们都来自大地，源自土壤。谦卑是一种谦逊的品格，让人能够认清自己的缺点和不足。和泥土打交道的过程中遇到的所有困难其实都是机遇。

别人的看法

也许你打理园子的方式与其他人大不相同。甚至可能有人提出与你完全相反的建议。也许他们会说：各种花草树木和蔬菜混种在一起，野草丛生，还到处铺着稻草，这都太不符合常理了……简直乱七八糟！反正换了我们肯定不会这样，这实在是太乱了。

千万别受他们的影响。你知道自己在做什么，也清楚为什么这么做。你的选择源于自身的经验。这才是最有价值的！

你所做的一切有个专门的名字

这个名字叫"永续种植"。它既是一门科学，又是一门哲学。它源于 20 世纪 70 年代的澳大利亚，是大学教师比尔·莫利森和戴维·洪葛兰首创的。他们二人致力于人类与地球的和谐共存，即人类的存在不会给地球造成负面影响。从这一点来说，他们并没有创造什么，而只是遵从了大自然的运行规律，并从人类多年的实践和种植活动中汲取灵感，最终呈现出你在这本书中看到的十二堂课。

第 12 堂课
顺势而为，接受反馈

这些看似复杂的字眼背后所包含的意思是：每个举动都会带来相应的结果。比如，允许野草在园子里自由生长，是为了提升园子中的生物多样性，以便吸引更多的昆虫、鸟类和哺乳动物。它们的存在又会反哺你的园子。这样，我们才能一点点地实现既定目标：形成一个无需过多人工干预的、可以自动调节的生态系统。所以说，这一原则可以让你的一举一动都带来更多积极的效果，减少消极作用。

永续种植的道德规范。除了你已经学到的十二堂课，比尔·莫利森和戴维·洪葛兰还提出了一套关于种植的道德标准，被称为"永续种植的道德规范"。

以人为本

公平分配

以土地为本

时至今日，全球范围内有成千上万的人在践行永续种植。还有人将相应的原则和道德规范用于其他行业，比如城市建设、房屋建筑、公司运营，甚至用于文化和经济领域。如果你对此感兴趣，可以继续深入研究下去。不过现在，我们该做个小结了，你要时刻谨记以下内容：

· 尊重大自然；
· 把你的种植园塑造成一个庞大的生态系统，让生活于其中的生物们互帮互助；
· 在付诸行动之前请仔细观察（没有什么是一成不变的）；
· 善用自然资源；
· 推进多样性；
· 提升土壤的生命力；
· 相信自己的直觉；
······

图书在版编目（CIP）数据

新手小园丁的 12 堂魔法课 /（法）奈莉·彭斯著；
（波）乔安娜·热扎克绘；陈旻乐译 . -- 上海：中国中
福会出版社，2024.6. --（科普新经典）. -- ISBN
978-7-5072-3745-0

Ⅰ . S68-49

中国国家版本馆 CIP 数据核字第 2024PQ5136 号

Mon premier jardin en permaculture
By Nelly Pons and Joanna Rzezak
© 2023, Actes Sud
All rights reserved
The simplified Chinese translation copyright © 2024 China Welfare Institute
Publishing House
The simplified Chinese translation rights arranged with Actes Sud through Ye
ZHANG

著作权合同登记号图字：09-2023-0740

新手小园丁的 12 堂魔法课

著　　者：［法］奈莉·彭斯

绘　　者：［波兰］乔安娜·热扎克

译　　者：陈旻乐

出 版 人：屈笃仕

责任编辑：康　华

装帧设计：译出文化

出版发行：中国中福会出版社

社　　址：上海市常熟路 157 号

邮政编码：200031

印　　制：上海雅昌艺术印刷有限公司

开　　本：889mm×1194mm 1/16

印　　张：4.5

版　　次：2024 年 6 月第 1 版

印　　次：2024 年 6 月第 1 次

书　　号：ISBN 978-7-5072-3745-0

定　　价：68.00 元

你想在花园里开辟一个属于你的小种植园，或是在阳台上种菜吗？ 那么，快来读读这本书吧！

它会教你观察大自然、打理土壤，教你播种、种植、陪伴植物成长并最终收获成果。最后你就能怀着愉悦的心情大块朵颐！

园艺，简直就是变魔术！

上架建议：少儿科普、植物

ISBN 978-7-5072-3745-0

定价：68.00 元

FABRIQUÉ EN EUROPE

9 787507 237450

名医手记
MINGYI SHOUJI

TINGDONGHUA KANHAOBING

听懂话，看好病

妇 科

医生对你说

高泳涛  著

诗话，行话，情话

你从没听说过的『女人病』详解

女性就医全方位提示

遇见可以交心的好医生

护你平平安安过一生

上海科学技术出版社